小实验串起科学史（全20册）

从万有引力到现代火箭

路虹剑 / 编著

化学工业出版社

·北京·

图书在版编目（CIP）数据

小实验串起科学史. 从万有引力到现代火箭 / 路虹剑编著. —北京：化学工业出版社，2023.10
ISBN 978-7-122-43908-6

Ⅰ. ①小… Ⅱ. ①路… Ⅲ. ①科学实验 - 青少年读物
Ⅳ. ①N33-49

中国国家版本馆 CIP 数据核字（2023）第 137345 号

责任编辑：龚 娟 肖 冉
责任校对：宋 夏
装帧设计：王 婧
插 画：关 健

出版发行：化学工业出版社（北京市东城区青年湖南街 13 号 邮政编码 100011）
印 装：盛大（天津）印刷有限公司
710mm × 1000mm 1/16 印张 40 字数 400 千字
2024 年 4 月北京第 1 版第 1 次印刷

购书咨询：010-64518888
售后服务：010-64518899
网 址：http://www.cip.com.cn
凡购买本书，如有缺损质量问题，本社销售中心负责调换。

定价：360.00 元（全 20 册）

作者序

在小小的实验里挖呀挖呀挖，挖出了一部科学史！

一个个小小的科学实验，好比一颗颗科学的火种，实验里奇妙、有趣的科学现象，能在瞬间激起孩子的好奇心和探索欲。但这些小实验并不是这套书的目的和重点，它们只是书中一连串探索的开始。

先动手做一个在家里就能完成的科学实验，激发孩子的好奇，自然而然地，孩子会问“为什么”，这时候告诉他这个实验的科学原理，是不是比直接灌输科学知识更能让孩子接受呢？

科学原理揭秘了，孩子的思绪就打开了，会继续追问：这是哪位聪明的科学家发现的？他是怎么发现的呢？利用这个科学发现，又有哪些科学发明呢？这些科学发明又有哪些应用呢？这一连串顺理成章、自然而然的追问，是不是追问出一部小小的科学史?

你看《从惯性原理到人造卫星》这一册，先从一个有趣的硬币实验（实验还配有视频）开始，通过实验，能对经典物理学中的惯性有个直观的了解；紧接着通过生活中的一些常见现象来加深对惯性的理解，在大脑中建立起看得见摸得着的物理学概念。

接下来，更进一步，会走进科学历史的长河，看看是哪位伟大的科学家首先发现了惯性原理；惯性原理又是如何体现在宇宙中星体的运动里的；是谁第一个设计出来人造卫星，这和惯性有着怎样的关系；我国的第一颗人造卫星是什么时候发射升空的……

这套书共有 20 个分册，每一个分册都有一个核心主题，从古代人类文明，到今天的现代科技，内容跨越了几千年的历史，能读到伽利略、牛顿、法拉第、达尔文等超过 50 位伟大科学家的传奇经历，还能了解到火箭、卫星、无线电、抗生素等数十种改变人类进程的伟大发明的故事。

这套书涉及多个学科，可以引导孩子在无数的“问号”中深度思考，培养出科学精神、科学思维、科学素养。

目录

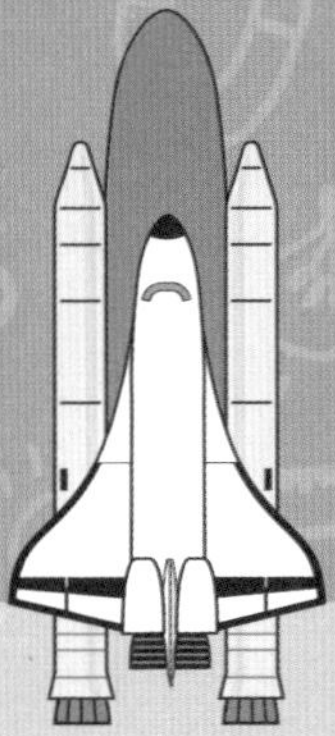

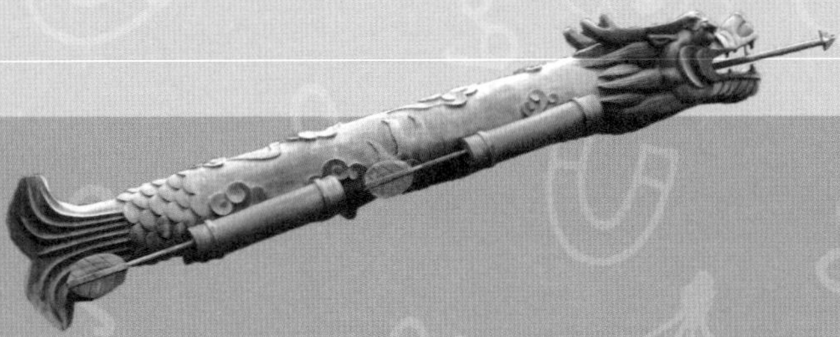

06

在关于惯性的那个分册中，我们讲到了人造卫星能在空间轨道运行离不开惯性的原理，那么运载卫星升天的火箭，又应用了哪些基本的科学原理呢？为什么重达数百吨甚至上千吨的火箭，能够摆脱重力，“轻松”飞到太空中呢？

接下来，我们先通过一个有趣的小实验，看看你能不能明白其中的原理。

能够飞到太空中的火箭

小实验：能上坡的小球

根据经验，如果没有足够的支持力，物体会在重力的作用下往下移动，但下面这个实验或许会让你感到意外。

实验准备

自制倾斜木筷轨道、玻璃球。

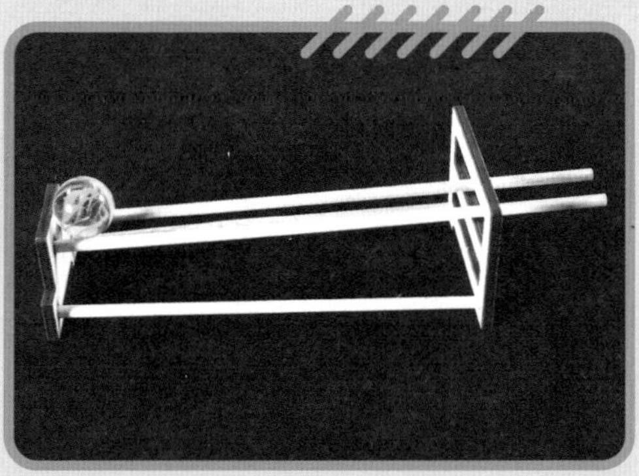

扫码看实验

实验步骤

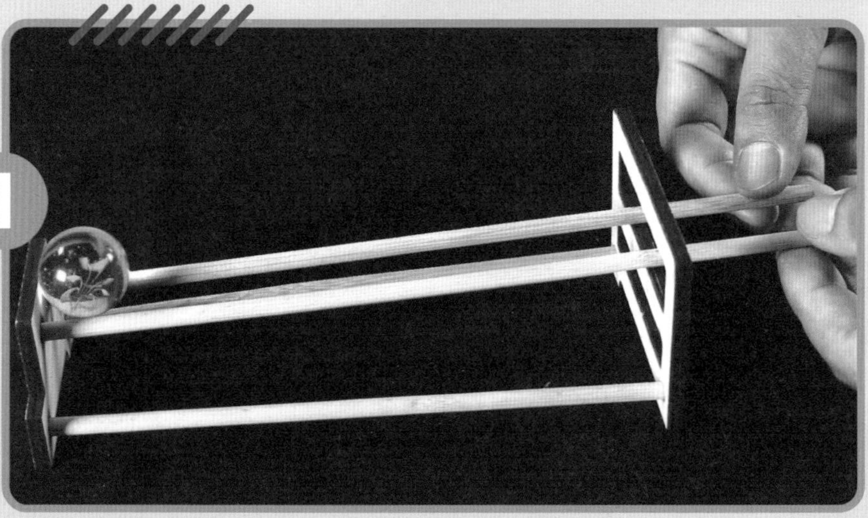

1

两根筷子保持平行，然后把玻璃球放在木筷低处。

2

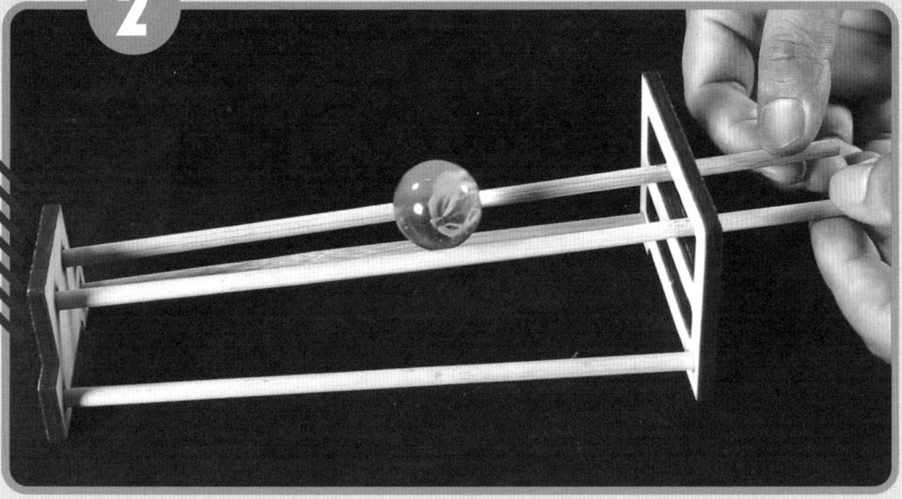

再将另一端筷子微微分开，玻璃球开始从低处滚向高处，这时稍微并拢筷子，玻璃球会以更快的速度向上滚动。

3

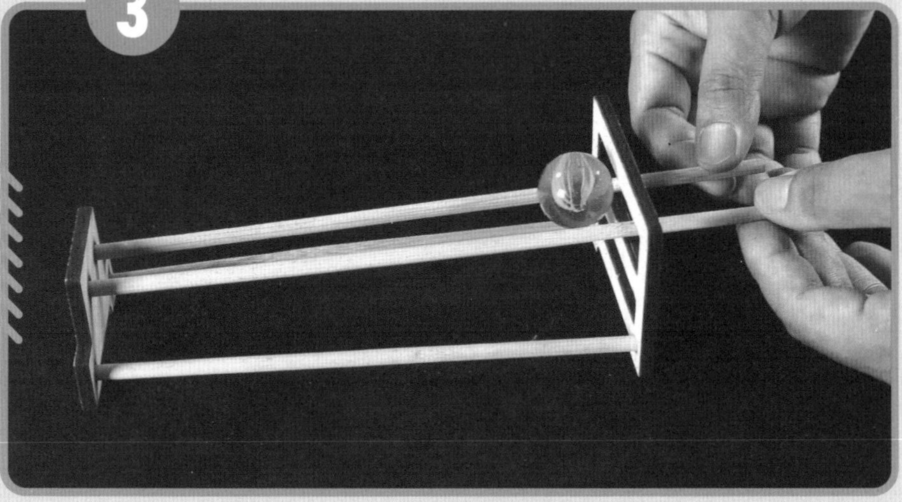

当玻璃球滚到最上方时，再将筷子恢复平行，玻璃球便会从高处滚向低处。

我们可以重复做这个实验，让玻璃球从最低处滚到最高处。那么，你可能会产生这样的疑问：难道玻璃球可以违反重力的规律，自己上坡吗？

实验背后的科学原理

在实验中，玻璃球被放置在倾斜的木筷轨道上，一开始两根筷子之间的距离相对比较近，球的重心位置相对筷子比较高。

当我们把筷子分开更大间距，使得小球重心相对筷子下降，球受重力影响，朝着重心下降的位置运动，于是沿着倾斜的轨道运动。尽管我们看到球在筷子形成的轨道上向上攀爬，但实际上它的重心相对筷子来说是在往下走，并没有违反重力的规律。

也就是说，在这个实验中，我们其实被自己的眼睛“欺骗”了。

由于重力的存在，我们扔出去的物体，最终会落到地面；你的每一次离地跳起，其实都是在和重力做斗争。重力看不见也摸不着，却无时无刻不在影响我们的生活。

关于重力的发现，经历了哪些伟大的历史事件呢？接下来，让我们走进历史去一探究竟。

06

从亚里士多德到万有引力

扔出去的东西会落向地面，这一点很早就被人类注意到。在公元前 4 世纪，古希腊哲学家亚里士多德（公元前 384—公元前 322）就提出了物体会向它们的“自然位置”移动的观点。

在亚里士多德的模型中，世界由 4 种基本元素组成：土、水、空气和火。水覆盖着地球，空气在水的上方，火在空气的上方。每一种元素都有一种自然的倾向，会回到它应有的位置，例如，岩石（土加上一点水所形成）会下落，火会升到空中。这是对引力最早的解释之一。

亚里士多德进一步认为物体下落的速度与它们的重量成正比。换句话说，如果你把一个体积相同的木制物体和一个金属物体同时扔下去，较重的金属物体会以更快的速度下落。

亚里士多德关于重的物体下落速度比轻的物体下落速度快的结论，在随后近 2000 年的历史中占据了主导，直到伽利略时代的到来。

伽利略对自由落体运动进行了研究，结果发现，不管物体的重量如何，在同一介质中它们都会以相同的速度下落。伽利略的发现，揭示了重力的本质，即重力是地球对所有物体的吸引力，这个力与物体的质量成正比，但与物体重量（质量与重力加速度的乘积）无关。

意大利天文学家、物理学家伽利略

而到了 1687 年，艾萨克·牛顿发表了著名的论文集《自然定律》，对万有引力和三大运动定律进行了描述。这些描述奠定了此后三个世纪里物理世界的科学观点，并成为现代工程学的基础。

牛顿通过论证开普勒行星运动定律与他的引力理论间的一致性，展示了地面物体与天体的运动都遵循着相同的自然定律；为太阳中心说提供了强有力的理论支持，并推动了科学革命的发生。

万有引力定律的定义是：自然界中任何两个物体都是相互吸引的，引力的大小与两物体的质量的乘积成正比，与两物体间距离的平方成反比。公式为：

$$F_{引} = G\frac{Mm}{r^2}$$

其中 G 为万有引力常数，其值约为 $6.67\times10^{-11}\mathrm{N}\cdot\mathrm{m}^2/\mathrm{kg}^2$，$M$ 和 m 分别代表两个物体的质量，r 为物体之间的距离。

为什么万有引力又常被称作重力呢？其实这是两个截然不同的概念。一方面，由于万有引力的存在，物体才会被吸引而产生重力，另一方面，地球表面的物体会跟随地球自转而产生向心力。所以重力可以视为万有引力的一个分支。向心力是万有引力的另一个分支，但由于向心力相对重力非常微小，所以一般人们默认重力和万有引力相等。从方向上来看，向心力朝着两个物体的中心，而重力则是竖直向下。

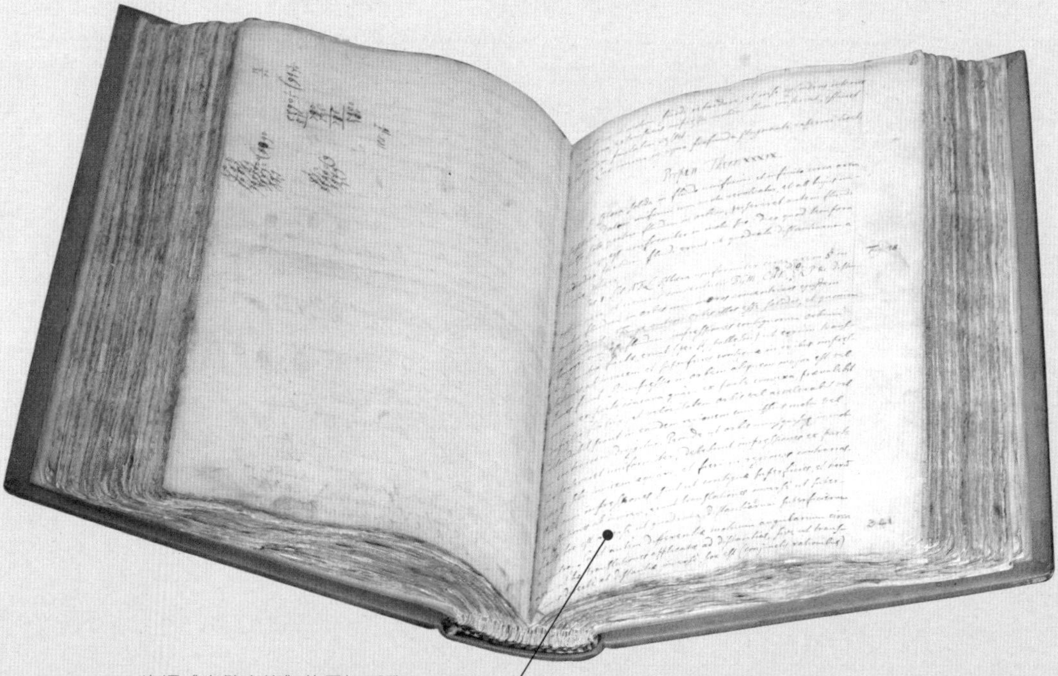

牛顿《自然定律》的最初手稿

牛顿一生有很多伟大的成就，除了奠定了物理经典力学的基础以外，他还和德国数学家戈特弗里德·威廉·莱布尼茨先后独立发展出了微积分。另外，牛顿在光学、热学甚至是经济学等诸多领域，都有很多历史性的研究发现。

只有地球才有引力吗？

我们能站在地面上，并不会因为跳跃而飞向太空，是因为地球给我们施加了引力的作用。而宇航员在太空舱内并不是站着或者坐着工作的，而是飘浮在太空舱内。那么，宇航员在太空舱内是不是就不受引力的作用了？

飘浮在太空中的宇航员

答案是否定的。只是因为在太空舱内，宇航员远离了地球，地球对太空舱的引力作用变得很微小，而在太空中没有作用很大的引力体，所以宇航员在太空舱内不能像在地面上那样平稳行走，因此我们看到宇航员飘浮在太空舱内或在太空中。

宇航员能够站在月球上，这也是月球引力的作用。那么宇航员站在月球上的引力和站在地球上的引力大小相同吗？我们生活的地球的引力是月球引力大小的六倍！在月球上还存在其他性质的力，比如电场力、磁场力等。

宇航员在月球上行走时，总会有一种轻飘飘的感觉，就像头重脚轻喝醉了酒一样踉踉跄跄，稍微不小心就会掌握不好重心，很可能就会摔跤。但是，就算他们摔了跤，也不会像我们在地球上摔倒一样疼。因为月球对人的引力很小，所以摔倒在月球上都是慢慢地摔在地上，是不太会感到疼痛的。

另外，不管是在太空舱内还是在其他星球上，两个物体间都存在引力的作用。而只要有物体存在，物体的内部都会存在分子力。所以说，力不仅仅存在于地球上，其他星球乃至宇宙中都存在力，只是力的大小或者力的种类不同而已。

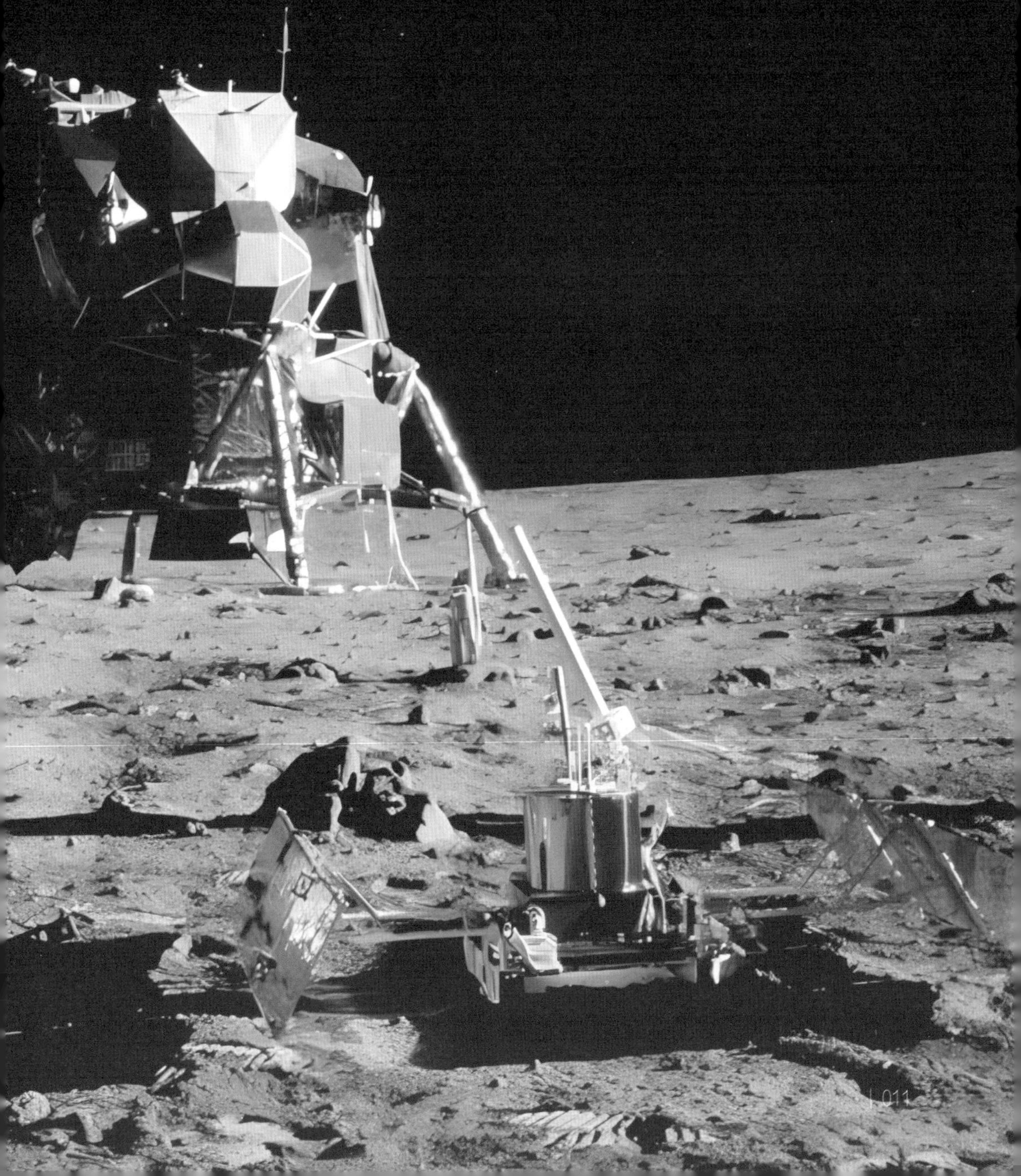

太阳系中的万有引力

一年有 4 个季节，12 个月，365 天（闰年除外）。这些都是常识。但是，为什么一年有 365 天，有 12 个月，有 4 个季节呢？这些时间的划分，季节的变化也和力学知识有关系吗？

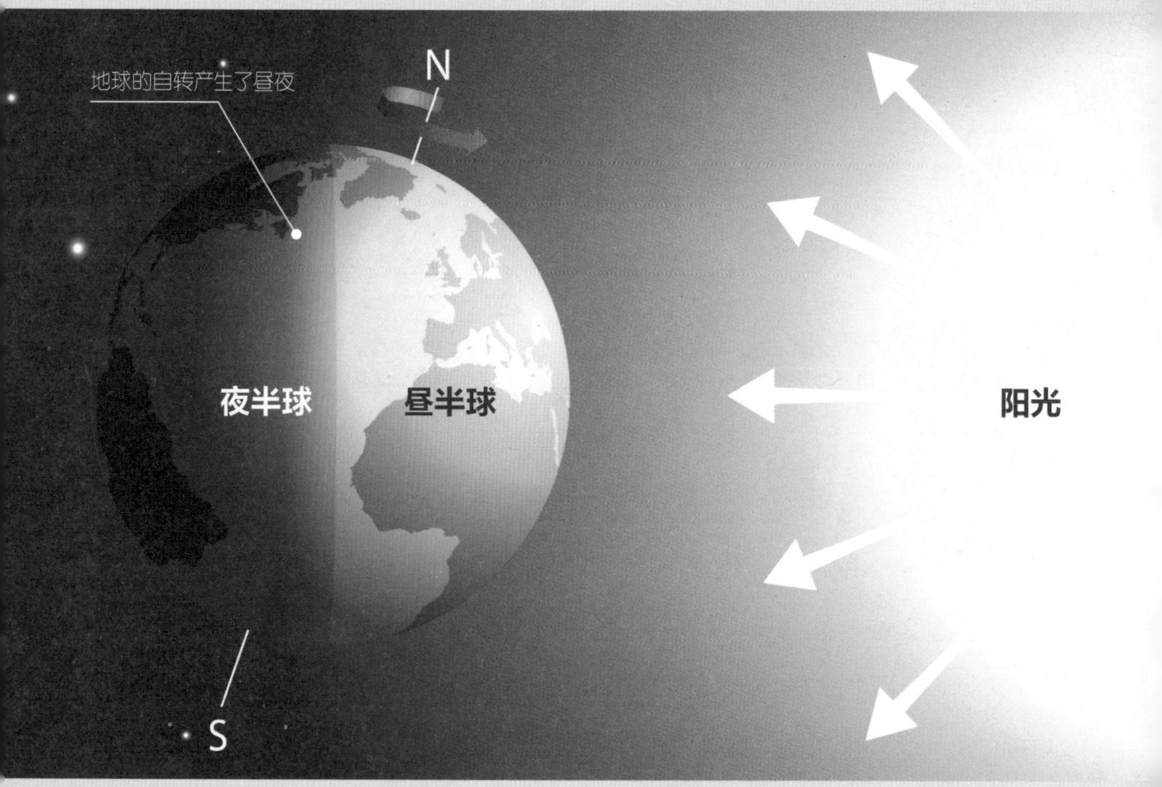

地球每时每刻都在自转，当我们所在的一面朝着太阳时，我们就生活在白天里。而当我们所在的一面背对太阳时，我们就生活在黑夜里。于是我们地球上某个地方才有了白天和黑夜。地球自转一圈的时间叫作地球的“自转周期”，约为 24 小时，也就是一天。

因为万有引力的存在，月球要绕着地球转动。它绕着地球公转一圈大约需要 30 天，这就是我们说的一个月。

也是因为万有引力，地球和太阳早早地就绑在了一起。地球每时每刻都在绕着太阳不停地转动，它们是历史悠久的“朋友”了。我们把地球的这种行为称作“公转”。

地球绕着太阳转动一圈的时间叫作“公转周期”，这就是我们所说的“一年”。地球公转一年走过的角度是 360 度，所用的时间大约是 365 天 6 个小时，每四年会多出 24 小时，恰好是一天。这也是为什么每四年就有一个闰年的原因。

地球上的很多现象都与万有引力有关，你还能举出哪些例子呢？

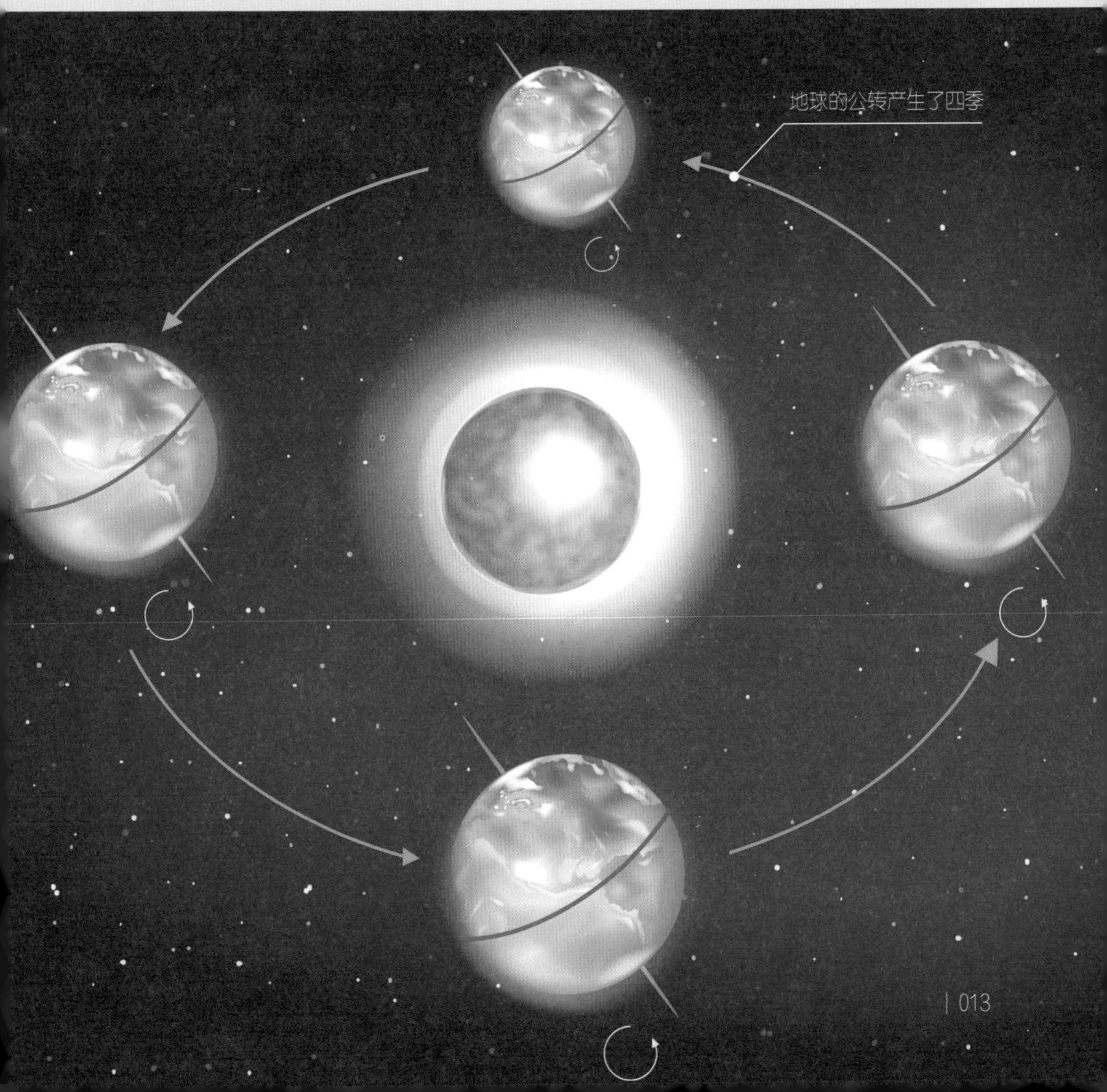

潮汐是如何发生的?

潮汐的发生和地月之间的引力有很大关系

“潮”就是海水在白天出现涨落的现象，相反地，海水在夜晚出现的涨落现象，我们叫作“汐”。那么，你知道大海为什么会有潮涨潮落的现象吗?

在很早以前人们就发现了这种现象，但由于科学的落后，无法研究其中的原因。后来细心的人们发现，潮汐总是出现在月亮升起和落下的时候，因此人们认为潮汐是月亮引起的。

科学家根据牛顿的万有引力推导出来，潮汐现象其实主要与月亮、太阳和地球间的引力相关。其中月亮和地球间的引力在潮汐现象中约起到 70% 的作用。也就是说，潮水每涨高 10 米，就有差不多 7 米源于月球的作用，而太阳及其他天体的引力作用相对微小。

从火药到早期的火箭

回到我们最开始的话题，火箭是如何发明出来的？根据牛顿的万有引力定律，火箭要想腾空飞起，必须要得到足够的力量来“战胜”重力。而事实上，人类在上千年之前就已经开始了这方面的探索。

第一个成功运用火箭飞行基本原理的装置之一，是一只木头鸽子。这只鸽子出自阿基塔斯之手，他是古希腊著名的科学家，同时也是一位工程师。

古希腊的科学家
阿基塔斯

阿基塔斯住在塔伦托姆市，在现今的意大利南部。据记载，大约在公元前 400 年的某个时候，阿基塔斯放飞了一只木头做的鸽子，让塔伦托姆的市民们既困惑又开心。这只飞起的木鸽使用的是蒸汽所产生的反作用力，而这一原理到 17 世纪才成为科学定律。

在木鸽出现大约三百年后，另一位古希腊的数学家希罗发明了一种装置，叫作“汽转球”，它也利用蒸汽作为推进气体。

“汽转球”是在水壶上安装了一个空心的球体，水壶下面的火把水变成蒸汽，气体通过管道到达球体。球体两侧的两个L形管可以让气体逸出，从而给球体一个推力，使其旋转。

而真正意义上的火箭出现在公元1世纪的中国。据记载，在这个时期，中国就已经发明了一种由硝石、硫黄和木炭粉尘制成的简易火药。在节日期间，人们把火药的混合物装入竹筒，然后扔进火里（爆竹的由来）。但巧合的是，也许是当时有些竹筒没有爆炸，在火药燃烧产生的气体和火花的推动下竹筒从火中弹射了出来，这给了人们继续研究的灵感。

于是，人们开始试验这种装满火药的竹筒。他们把竹筒绑在箭上，用弓发射。很快，他们发现，这些火药筒仅靠点燃后释放气体产生的能量就能自行发射。于是，真正意义上的火箭诞生了。

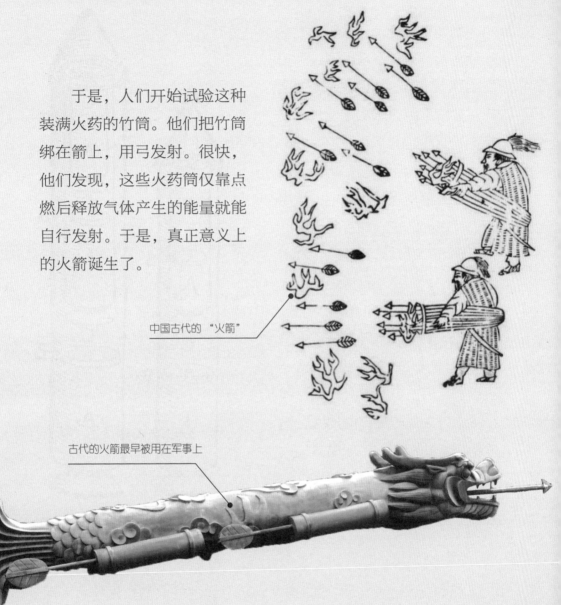

中国古代的“火箭”

古代的火箭最早被用在军事上

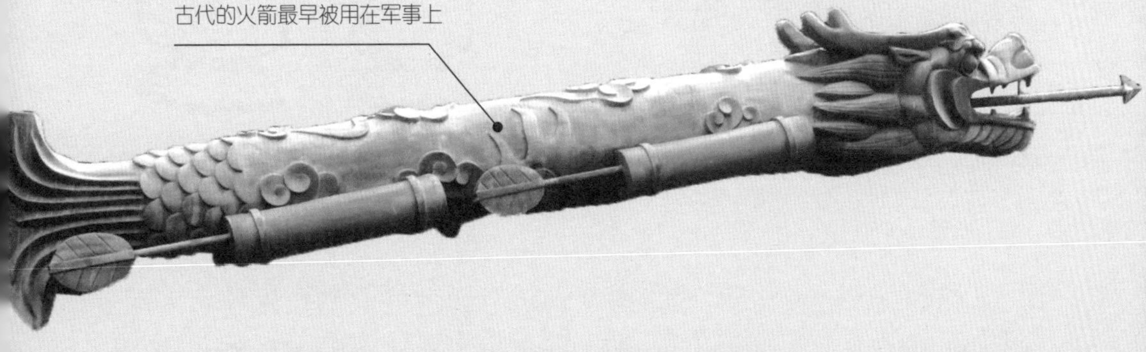

公元 1232 年，当时蒙古军进攻南宋，在战争中，南宋军队用一连串的“飞箭”击退了蒙古军的进攻。

随后，蒙古人制造了他们自己的火箭，这可能是火箭传播到欧洲的原因。从 13 世纪到 15 世纪，有很多关于火箭实验的记录。

例如在法国，诗人和历史学家让·弗罗瓦萨发现，通过管道发射火箭可以实现更精确的飞行，弗罗瓦萨的想法是现代火箭炮的先驱。

到了 16 世纪，火箭不再作为战争武器使用，但它们仍被用于烟花表演。德国烟花制造者约翰·施米德莱普设计并发明了“多级火箭”，这是一种多级运载火箭，可以将烟花运到更高的高度。原理是一枚大火箭（第一级）携带一枚小火箭（第二级），当大火箭燃尽时，点燃小火箭，这样小火箭可以飞到更高的地方。施米德莱普的发明，和现在多级火箭的原理是一致的。

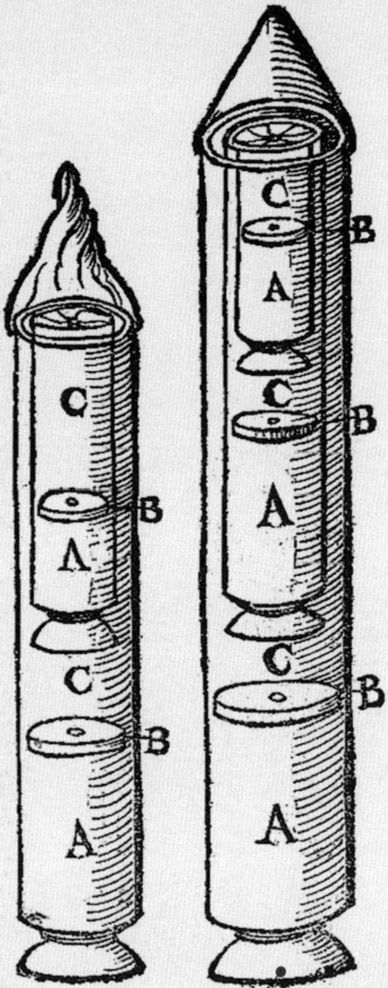

约翰·施米德莱普设计的“多级火箭”

17 世纪后半叶，牛顿的物理学研究为现代火箭技术奠定了科学基础。他把对物理运动的理解归纳为三条科学定律。这些定律可以解释火箭是如何工作的，以及为什么它们能够在外太空的真空中工作。牛顿定律很快开始对火箭的设计产生实际影响。18 世纪初，荷兰教授威廉·格雷夫桑德制作了由蒸汽喷射推动的汽车模型。在同一时期德国和俄罗斯的火箭实验人员开始研究更大重量的火箭。

其中一些火箭威力巨大，甚至在升空前，它们喷射出来的废气在地面上钻出了很深的洞。

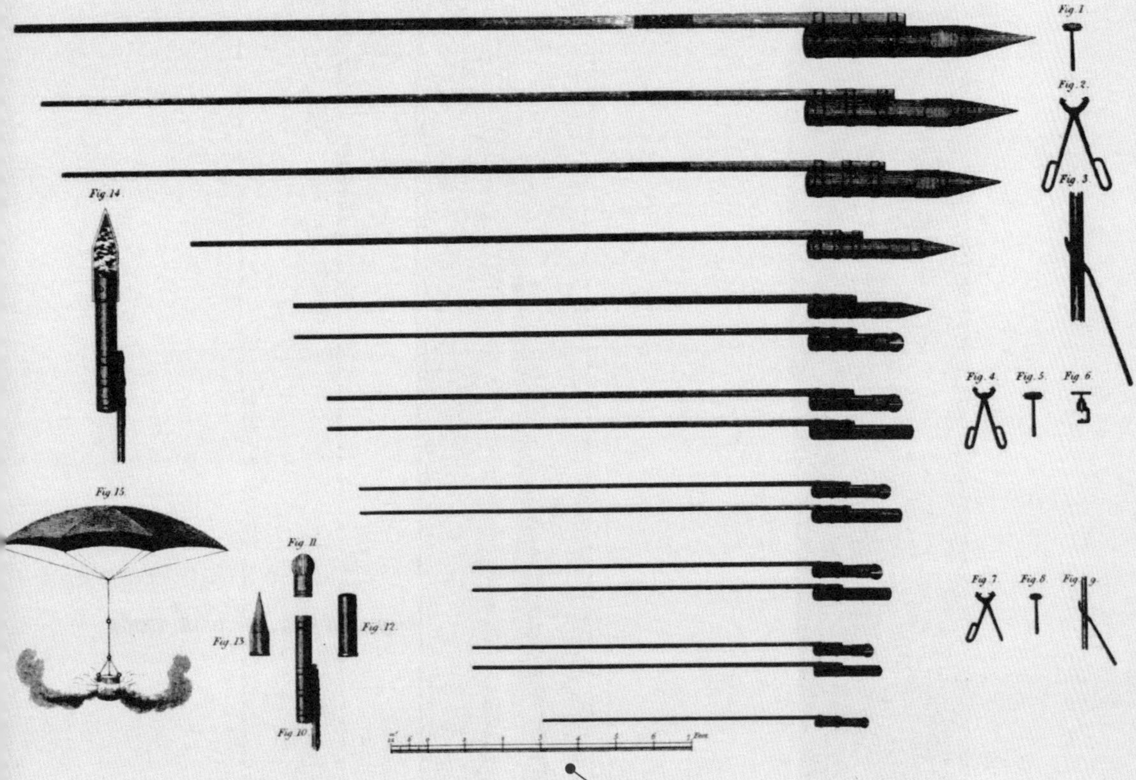

康格里夫上校设计的军用火箭

在 18 世纪末和 19 世纪初，火箭作为一种战争武器经历了短暂的复兴。印度在 1792 年和 1799 年两次成功地向英军发射火箭弹，引起了英国炮兵专家威廉·康格里夫上校的兴趣。康格里夫开始设计供军队使用的火箭，并取得了成功。

但即使有了康格里夫的工作，火箭的发射准确度仍然没有比早期提高多少。于是，世界各地的火箭研究人员开始试验各种提高准确性的方法。英国人发明家威廉·黑尔（1797—1870）发明了一种叫自旋稳定的技术。

威廉·黑尔设计的火箭及其结构图

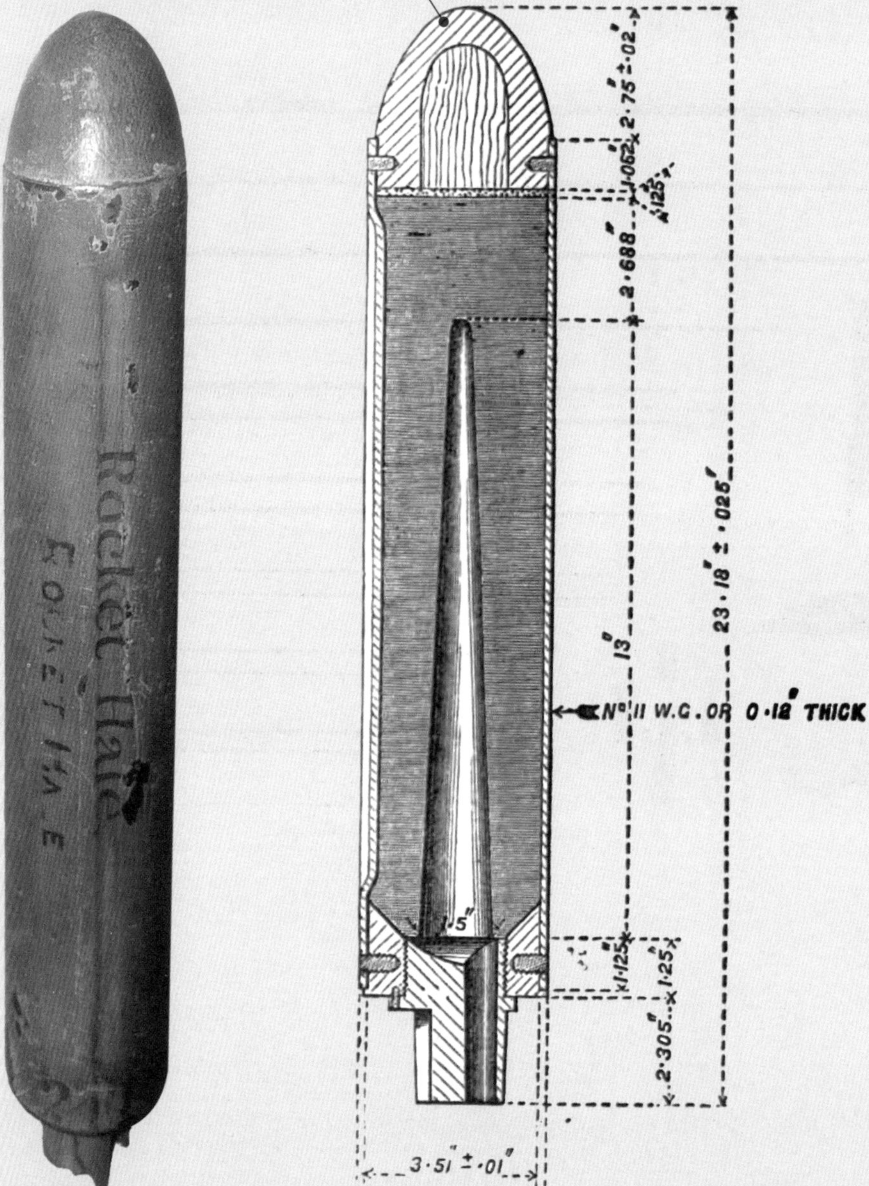

在这种方法中，火箭发射后喷射出的废气撞击火箭底部的小叶片，让火箭可以像飞行中的子弹一样旋转，保持空间的稳定，这一原理至今仍在使用。

第一枚现代火箭的诞生

时间来到 1898 年，一位名叫康斯坦丁·齐奥尔科夫斯基 (1857—1935) 的俄罗斯教师提出了用火箭探索太空的想法。

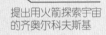

提出用火箭探索宇宙的齐奥尔科夫斯基

在 1903 年发表的一份报告中，齐奥尔科夫斯基建议在火箭中使用液体推进剂，以获得更大的射程。齐奥尔科夫斯基说，火箭的速度和射程只受逃逸气体的排气速度的限制。齐奥尔科夫斯基因其先进的思想、细致的研究和远见卓识，被称为“火箭之父”和“现代航天之父”。

20 世纪初，美国科学家罗伯特·H. 戈达德（1882—1945）进行了实际的火箭实验。1919 年，他出版了一本名为《到达极大高度的方法》的小册子，阐述了火箭运动的基本数学原理。

正在讲课中的戈达德

戈达德和他研制的液体推进剂火箭

戈达德最早的火箭实验用的是固体推进剂。1915 年，他开始尝试各种类型的固体燃料，并测量燃烧气体的排气速度。在研究固体推进剂火箭的过程中，戈达德发现液体燃料可以更好地推动火箭。以前从来没有人成功制造过液体推进剂火箭，这是一项比制造固体推进剂火箭困难得多的任务，需要燃料和氧气罐、涡轮机和燃烧室。

尽管困难重重，戈达德还是在 1926 年 3 月 16 日用液体推进剂实现了第一次成功的火箭飞行。火箭以液氧和汽油为燃料，在飞行了 2.5 秒爬升 12 米后，在 56 米外的一片卷心菜地里着陆。以今天的标准来看，这次飞行并不令人印象深刻，但就像莱特兄弟在 1903 年的第一次动力飞机飞行一样，戈达德的液体火箭是现代火箭的先驱。

戈达德在液体推进剂火箭上的实验持续了很多年。他制造的火箭越来越大，飞得越来越高。他还研制了一个用于飞行控制的陀螺仪系统和一个用于放置科学仪器等的有效载荷舱，此外还有一个降落伞回收系统，被用来保证返回火箭和仪器的安全。戈达德因其成就被称为美国的“火箭之父”。

第三位伟大的太空先驱是德国科学家赫尔曼·奥伯斯（1894—1989）。奥伯斯在 1923 年出版了《飞往星际空间的火箭》一书，并首次提出了用火箭将望远镜送入太空的构想。由于他的作品极受欢迎，且充满科学探索精神，许多小型火箭协会在世界各地涌现。

奥伯斯丰富的想象力推动了火箭的发展

在第二次世界大战时期，德国火箭专家沃纳·冯·布劳恩成功领导研发出了著名的 V–2 火箭。V–2 火箭是第一枚大型火箭导弹，也是世界上最早投入实战应用的弹道导弹。

V–2 火箭通过燃烧液氧和酒精的混合物实现了巨大的推力，被视为现代航天运载火箭和远程导弹的先驱。但遗憾的是，它的首次出现是被用作武器，并在战争中造成了成千上万人的死亡。

飞向太空的火箭

随着德国在第二次世界大战后的没落，火箭研究的重心转移到了苏联和美国等国家，人类离火箭飞出地球的日子不远了。

1957 年 10 月 4 日，世界震惊了。苏联通过“卫星”号运载火箭，成功地把“斯普特尼克 1 号”人造卫星发射到太空中，创造了人类的历史。

不到一个月后，苏联又发射了一颗载有一只名叫莱卡的狗的卫星。卫星发射几小时后，莱卡在酷热和高压中死去。

印有莱卡的纪念邮票

在第一颗人造卫星发射几个月后，美国也发射了自己的人造卫星。“探险者”1 号卫星于 1958 年 2 月 1 日在美国卡纳维拉尔角发射。同年 10 月，美国成立了国家航空航天局（NASA），开始组织系列太空计划。

很快，越来越多的火箭和卫星被发射送入太空。从最早的发现和实验开始，火箭已经从简单的火药装置发展成为能够进入外层空间的巨大运载工具。火箭“战胜”了重力，打开了宇宙探索的“大门”，引导人类进行探索。

火箭最核心的原理就是利用燃料燃烧后，排出气体产生向下的作用力，进而推动它向上飞行。但现代火箭远比我们描述的要复杂得多，包括了力学、热学、数学、工程学等诸多方面的技术，是一代代科学家不断努力研究和实验的结果。

留给你的思考题

1. 如果我们把“上坡小球”中的玻璃球换成乒乓球，还会有这种效果吗?

2. 如果让你设计一种航天器，你有什么更好的思路? 不妨想一想，并在图纸上画一画。